油气储运企业高风险作业安全检查系列丛书

U0873575

动火作业安全检查

国家管网集团东部原油储运有限公司　组织编写

中国石化出版社

图书在版编目（CIP）数据

动火作业安全检查 / 国家管网集团东部原油储运有限公司组织编写 . — 北京：中国石化出版社，2022.10
（油气储运企业高风险作业安全检查系列丛书）
ISBN 978-7-5114-6798-0

Ⅰ. ①动⋯ Ⅱ. ①国⋯ Ⅲ. ①石油与天然气储运 - 动火作业 - 安全检查 - 技术培训 - 教材 Ⅳ. ① TE88

中国版本图书馆 CIP 数据核字（2022）第 155855 号

中国石化出版社出版发行

地址：北京市东城区安定门外大街 58 号

邮编：100011　电话：（010）57512500

发行部电话：（010）57512575

http：//www.sinopec-press.com

E-mail：press@sinopec.com

北京富泰印刷有限责任公司印刷

全国各地新华书店经销

*

787 × 1092 毫米 32 开本 3.0 印张 57 千字

2023 年 9 月第 1 版　2023 年 9 月第 1 次印刷

定价：30.00 元

《油气储运企业高风险作业安全检查系列丛书》

编委会

《动火作业安全检查》

编审人员

主　编： 王兢兢　徐　岩　崔志伟

审　核： 梁蔚超　刘英剑

前言

动火作业是指在直接或间接产生明火的工艺设施以外的禁火区内从事可能产生火焰、火花或炽热表面的非常规作业，包括使用电焊、气焊（割）、喷灯、电钻、砂轮、喷砂机等进行的作业。

在油气储运企业，动火作业广泛应用于站库建设、管网改造、设备安装、机具维修等生产施工作业中。为了规范动火作业准备与现场检查全过程标准化管理，国家管网集团东部原油储运有限公司根据GB 30871—2022《危险化学品企业特殊作业安全规范》、GB/T 9576—2019《橡胶和塑料软管及软管组合件 选择、贮存、使用和维护指南》及《国家管网集团作业许可安全管理细则》等相关标准和企业制度及现场情况组织业内专家编写了本书。

本书适用于油气储运企业工程建设、监理、承包商从事动火作业的相应管理工作人员参考，也适用于各级安全监督部门、专业安全管理部门及施工单位对施工现场的监督和检查人员参考。

目录

第一章 动火作业基本常识

一、动火作业的定义

动火作业是指在直接或间接产生明火的工艺设施以外的禁火区内从事可能产生火焰、火花或炽热表面的非常规作业，包括使用电焊、气焊（割）、喷灯、电钻、砂轮、喷砂机等进行的作业。

二、动火作业有害因素

动火作业存在高温、强光、火灾、爆炸、辐射等风险有害因素。

电焊作业
焊渣温度
800~1200℃

氧割作业
氧割温度
3000℃

电钻作业
转孔温度
600℃

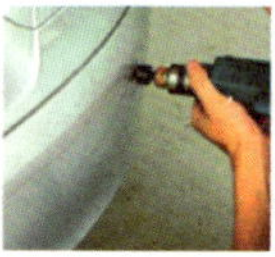

打磨作业
火星飞溅温度
1200℃

三、燃烧三要素

燃烧和火灾发生的必要条件是同时具备助燃物、可燃物和点火源（亦称温度达到着火点）。

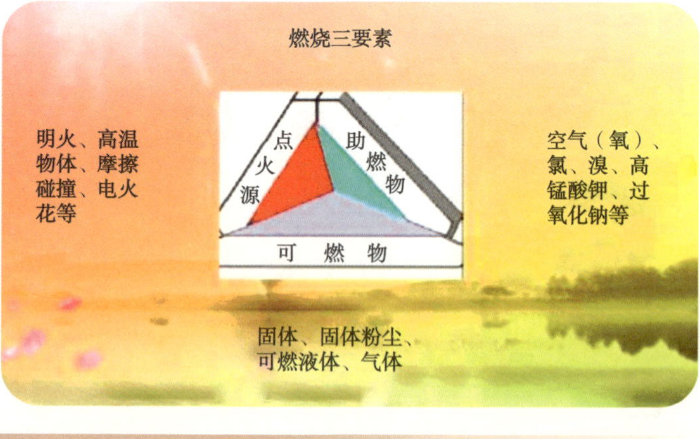

四、相关概念

1. 石油

石油主要是由碳氢元素构成的烃类化合物，各种烃类按其结构分为烷烃、环烷烃、芳香烃。组成石油的化学元素主要是碳（83%~87%）、氢（11%~14%），其余为硫（0.06%~0.8%）、氮（0.02%~1.7%）、氧（0.08%~1.82%）及微量金属元素（镍、钒、铁、锑等），相对密度（水=1）为0.780~0.970，闪点为-18~32℃。遇明火、高热能引起燃烧爆炸，使用二氧化碳、干粉、泡沫灭火，用水灭火无效。

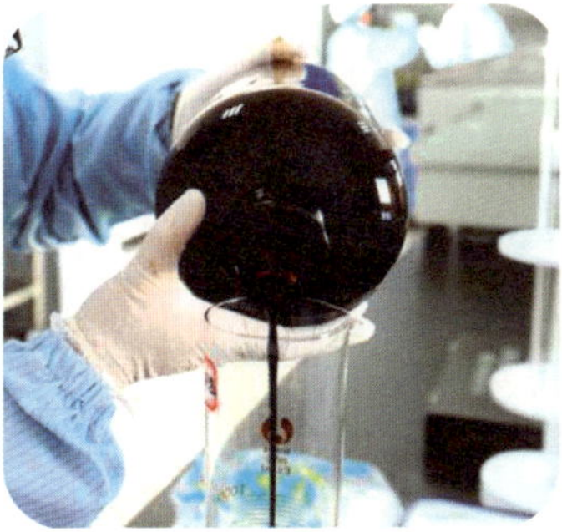

2. 闪点

在规定的试验条件下，使用某种点火源造成液体汽化而着火的最低温度。闪点越低物质的危险性越大。部分可燃液体的闪点见表 1–1。

表 1–1　一些可燃液体的闪点

物质名称	分子式	相对分子质量	沸点 /℃	闪点 /℃
正戊烷	$CH_3(CH_2)_3CH_3$	72.2	36.1	＜ –60
异戊烷	$(CH_3)_2CHCH_2CH_3$	72.2	27.8	–56
正已烷	$CH_3(CH_2)_4CH_3$	86.2	68.7	–25.5
苯乙烯	C_8H_8	104.14	146	34.4
苯	C_6H_6	78.11	80.1	–11
煤油			175~325	43~72
松节油	$C_{10}H_{16}$(主要)	136.23	154~170	35
石脑油：原油			120~200	＜ –18
煤焦油：煤膏				＜ 23
乙醇	CH_3CH_2OH	46.07	78.3	12
乙醇水溶液				21
乙醛：醋醛	C_2H_4O	44.05	20.8	–39

3. 爆炸极限

可燃物质（可燃气体、蒸气和粉尘）与空气（或氧气）在一定浓度范围内均匀混合，形成预混气，遇着火源发生爆炸，这个浓度范围称为爆炸极限，或爆炸浓度极限。爆炸极限范围越宽、爆炸下限越低和爆炸上限越高时，其爆炸危险性越大。常见化学品爆炸极限见表 1–2。

表 1–2 常见化学品爆炸极限

物质名称	分子式	爆炸下限 LEL/%（体积）	爆炸上限 UEL/%（体积）	毒性
甲烷	CH_4	5	15	
乙烷	C_2H_6	3	15.5	
乙炔	C_2H_2	2.5	100	
乙烯	C_2H_4	2.7	36	
煤油（液体）	C_{10}~C_{16}	0.6	5	
城市煤气		4		
液化石油气		1	12	
汽油（液体）	C_4~C_{12}	1.1	5.9	
松节油(液体)	$C_{10}H_{16}$	0.8		
苯（液体）	C_6H_6	1.3	7.1	中等
甲苯	$C_6H_5CH_3$	1.2	7.1	低毒
甲醇（液体）	CH_3OH	6.7	36	
乙醇（液体）	C_2H_5OH	3.3	19	
甲醛	HCHO	7	73	

续表

物质名称	分子式	爆炸下限 LEL/%（体积）	爆炸上限 UEL/%（体积）	毒性
氰化氢 （氢氰酸）	HCN			剧毒
丙烯氰	C_3H_3N	2.8	28	高毒
氯气	Cl_2			刺激
硫化氢	H_2S	4	45.5	神经麻痹
二氧化硫	SO_2			中等
一氧化碳	CO	12.5	74.2	剧毒
氢	H_2	4	75	

五、硫化氢防护基本知识

描述硫化氢浓度有两种方式，即体积比浓度和质量比浓度。

1. 体积比浓度

指硫化氢在空气中的体积比，常用 ppm 表示。$1ppm=1/1000000（10^{-6}）$。

2. 质量比浓度

硫化氢在 $1m^3$ 空气中的质量，单位为：mg/m^3 或 g/m^3。

体积比浓度与质量比浓度之间的关系：$1ppm \approx 1.5mg/m^3$。

$11ppm \approx 1.5mg/m^3 \times 11 \approx 16.5mg/m^3$

硫化氢的安全临界浓度为$30mg/m^3$(20ppm)。达到此浓度,现场作业人员必须佩戴正压式空气呼吸器。

3. 安全临界浓度

不同浓度的硫化氢对人体的危害不一样，见表 1–3。

表 1–3　硫化氢对人体的危害

在空气中的浓度		暴露时间	暴露于硫化氢环境时人体的反应
mg/m^3	ppm		
0.011	0.008	—	嗅觉阈
0.18	0.13	—	微量的可感觉到的臭味
4~7	2.8~5	—	中等强度难闻臭味
30~40	20~30	—	虽臭味强烈，仍能耐受。这可能是引起局部刺激及全身性症状的阈浓度。部分人出现眼部刺激症状及轻微的结膜炎
70~150	50~100	1~2h	出现眼及呼吸道刺激症状。吸入 2~15min 即发生嗅觉疲劳。长期接触可引起亚急性或慢性结膜炎
300~450	200~300	1h	可引起严重反应——眼和呼吸道黏膜强烈刺激症状，并引起神经系统抑制，6~8min 即出现急性眼刺激症状。长期接触可引起肺水肿
700	500	15~60min	可能引起生命危险——发生肺水肿、支气管炎及肺炎，接触时间更长者，可引起头痛、头昏、步态不稳、恶心、呕吐、鼻咽喉发干及疼痛、咳嗽、排尿困难等，甚至昏迷。如不及时救治可出现死亡
1000	700	数分钟	很快引起急性中毒，出现明显的全身症状。开始呼吸加快，接着呼吸麻痹，如不及时救治可出现死亡
1400	1000	立即	昏迷并出现呼吸麻痹症状而死亡，除非立即进行人工呼吸急救实施抢救

六、建筑材料燃烧性能

GB 8624—2012《建筑材料及制品燃烧性能分级》中将建筑材料的燃烧性能分为以下几种等级，宜选用 A 级、B1 级材料。

A 级：不燃性建筑材料，几乎不发生燃烧的材料。

B1 级：难燃性建筑材料，难燃类材料有较好的阻燃作用。其在空气中遇明火或在高温作用下难起火，不易很快发生蔓延，且当火源移开后燃烧立即停止。

B2 级：可燃性建筑材料，可燃类材料有一定的阻燃作用。在空气中遇明火或在高温作用下会立即起火燃烧，易导致火灾的蔓延，如木柱、木屋架、木梁、木楼梯等。

B3 级：易燃性建筑材料，无任何阻燃效果，极易燃烧，火灾危险性很大。

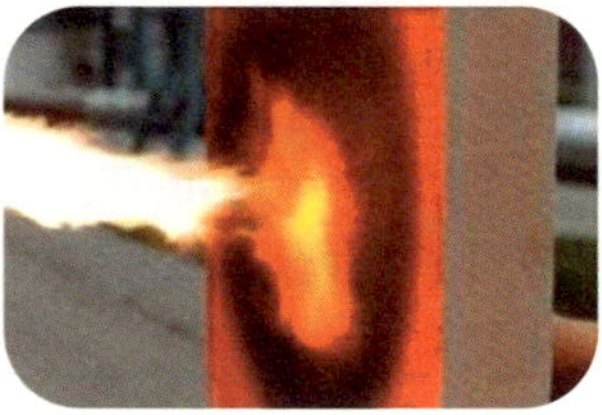

A级：不燃

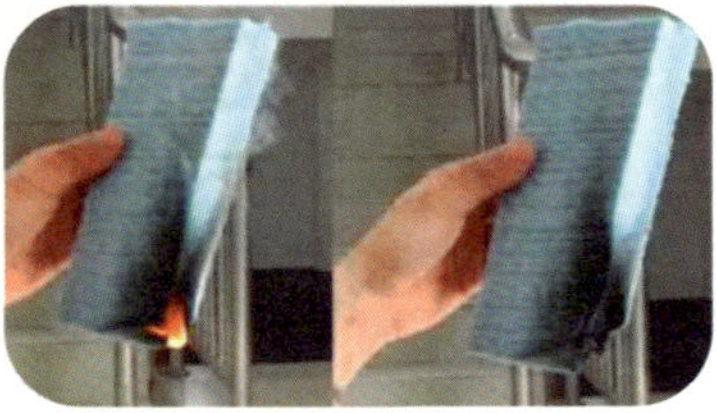

B1级：火源移开后停止燃烧

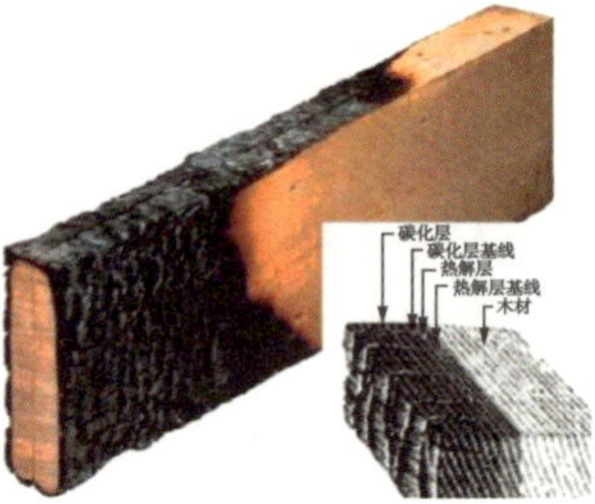

B2级：在空气中遇明火会起火燃烧

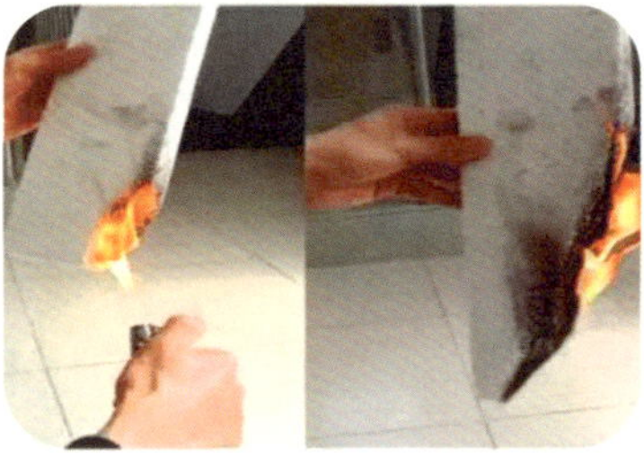

B3级：极易燃烧

七、LEL 含义

空气中可燃气体浓度达到其爆炸下限值时，我们称这个场所可燃气环境爆炸危险度为百分之百，即 100% LEL。举例说明：甲烷的爆炸下限为 5%（体积），把 5%（体积）一百等分，让 5%（体积）对应 100%LEL，即当检测仪数值到达 10%LEL 报警点时，甲烷的实际含量为 0.5%（体积）。

第二章 动火作业前准备

一、基本要求

（1）特级动火作业前必须制定动火作业方案，并根据动火级别上报相关部门审批。动火作业要严格按照方案及批复意见实施，严禁无方案、无批复、无安全措施动火，抢修动火按照抢修动火流程执行。

国家管网集团东部原油储运有限公司
××输油处 文件

东部储运×××号 签发人:×××

××输油处关于×××工程
动火作业的请示

东部原油储运有限公司:

根据××处工作安排，××处计划于××××年××月××日开始对××工程施工，动火级别为特级用火。

…………

请批示。

××××年××月××日

国家管网集团东部原油储运有限公司部室文件

东部储运管保×××号

关于×××工程动火实施方案的批复

××输油处:

根你处上报的《××输油处关于×××工程动火作业的请示》（东部储运××号）已收悉。经组织安全环保监管部等部门认真审核后，现将有关意见批复如下：

…………

…………

××××年××月××日

（2）动火作业必须办理《动火安全作业票》，涉及进入受限空间、临时用电、高处等作业时，必须办理相应的安全作业票。

（3）动火作业前，属地单位必须对动火作业单位进行现场检查及安全交底，对需入场作业的设备、设施进行现场检查，对动火作业内容、可能存在的风险以及施工作业环境进行交底，并做好记录。封堵作业坑和动火作业坑之间应设置实体墙。

（4）动火作业前，属地单位应会同动火作业单位针对现场和作业过程中可能存在的危害因素运用 JSA 方法进行风险分析，制定相应的作业程序及安全措施。

作业安全分析（JSA）参照表

作业安全分析（JSA）记录表			编号：	001
作业名称：污油罐氨气管道安装施工			区域／工艺过程：罐区	
分析组长：　　成员：			日期：	
序号	作业步骤	危害因素	控制措施（技术、管理和个体防护）	执行人
1	作业前安全措施确认	1. 用火部位与其他含易燃易爆设备、设施连通 ……	1. 断开一切与用火设备相连通的设备管道并加盲板隔断、挂牌，办理《盲板抽堵安全作业票》 ……	
2	拆除透光孔盖板	1. 未使用防爆工具，可能产生火灾爆炸 打开透光孔时，有毒有害气体对人员造成伤害 ……	1. 使用防爆工具，人员佩戴防毒面具等个人防护用品 ……	
3	管线预制	气割开孔作业，气瓶与用火点安全距离不足 ……	1. 乙炔气瓶（禁止卧放）、氧气瓶与火源间的距离不得少于10m，氧气、乙炔瓶之间不能小于5m ……	
4	管线吊装就位	1. 未使用专用吊装工具进行吊装，而使用人力吊装，易造成人员跌落、物体打击 ……	使用专用吊装工具进行吊装，严禁人力吊装 ……	
5	管线焊接连头	用火前未对盲板和周围环境进行检查和气体检测 ……	检查盲板是否就位并密封严密，检查周围是否存在易燃物，检测用火点周围可燃气体是否合格 ……	
6	工作完成后，清理场地	未清理现场工具、设备、材料，造成人员伤害 ……	回收工具设备，清理场地，做到工完、料净、场地清 ……	
告知确认：				

（5）作业前动火作业单位负责人应向施工作业人员进行作业程序交底和安全交底，以班前喊话、专题会议等形式进行，并做好记录，交底人与接收人要签字确认。

（6）动火作业应按照审批通过的作业方案进行施工，当因天气、人员、环境、作业方法发生变化导致无法按照原作业方案实施时，应按照变更管理要求进行方案变更，并针对变更的内容重新进行JSA风险分析，制定相应的安全措施。

作业前应制定应急预案，作业人员熟练掌握紧急状况时的逃生路线和救护方法。

二、人员准备

（1）特种作业人员必须持证作业。如电（气）焊、气割、高处、电工作业等特殊工种，在身体检查合格，持有“特种作业操作证”后，方能进行作业。

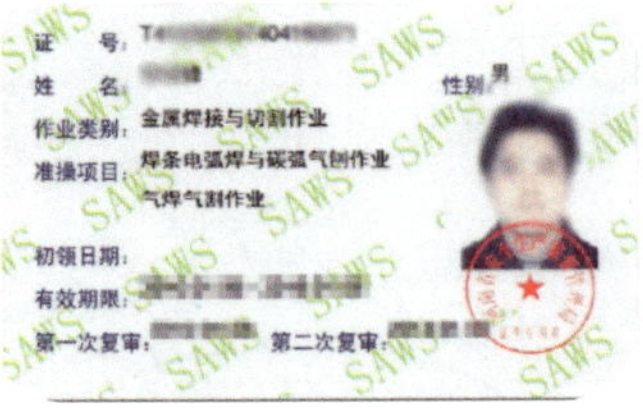

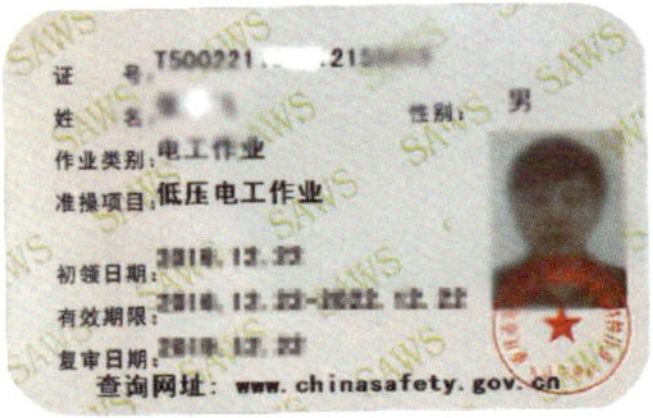

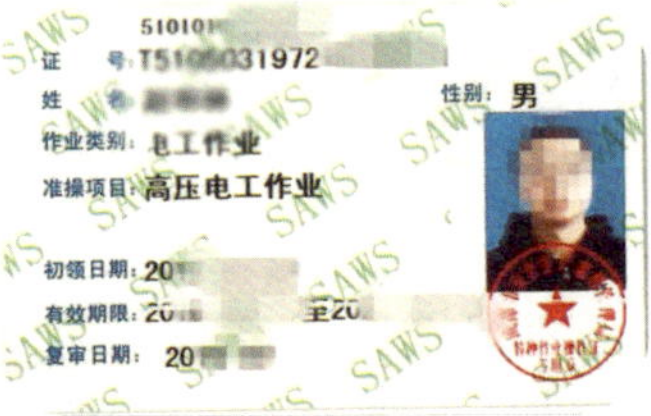

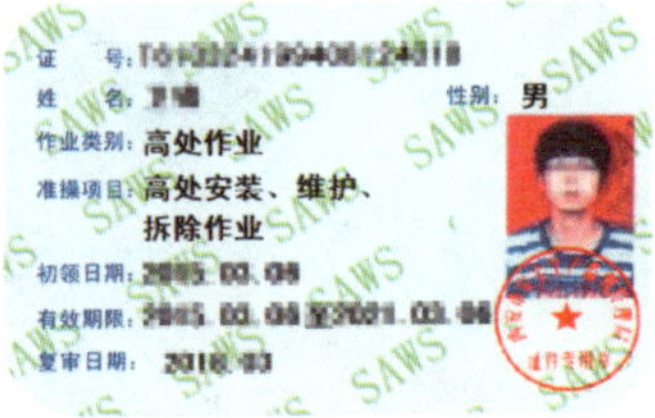

（2）相应培训部门（如国家管网集团南京培训中心）应对承包商项目管理人员（项目负责人、项目安全管理人员、现场技术负责人）进行专项安全培训，考核合格后方允许作业。

（3）动火作业应设监护人，监护人应经生产单位培训，佩戴明显标识，持培训合格证上岗。

袖章

（4）作业人员须统一劳保着装（进入生产区须穿戴防静电材质服装），佩戴施工证。

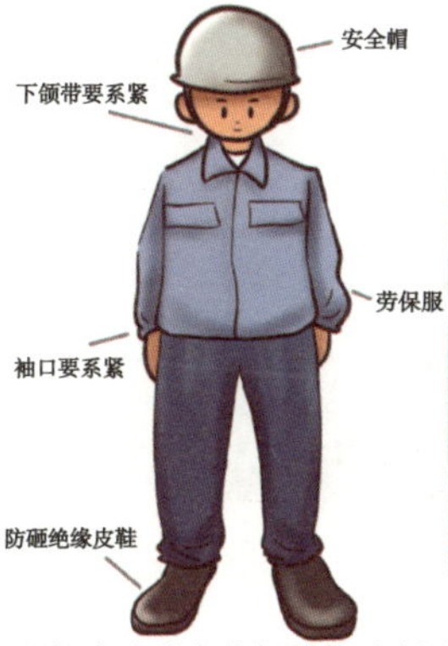

现场个人基本劳保着装示意图

施工证示意图

（5）参加作业的承包商所有人员应有（职业）健康体检合格证明，无从事作业所涉及的工作禁忌证，现场施工人员的年龄不应超过法定退休年龄。

（6）当动火作业单位负责人、现场安全管理人员、特种作业人员和关键技术人员发生变化时，项目管理单位应对发生变化的人员进行核验与培训。

三、动火作业机具准备

（1）动火作业所使用的手持工具应选用符合 GB/T 10686—2013《铜合金工具防爆性能试验方法》标准要求的铜合金防爆工具。

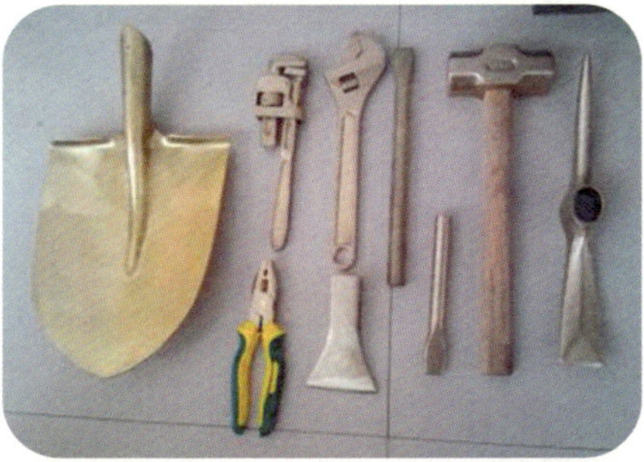

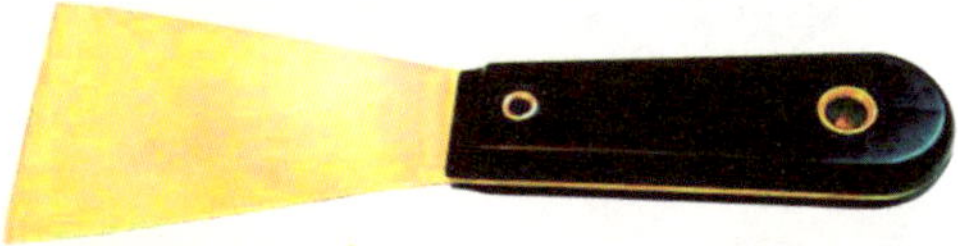

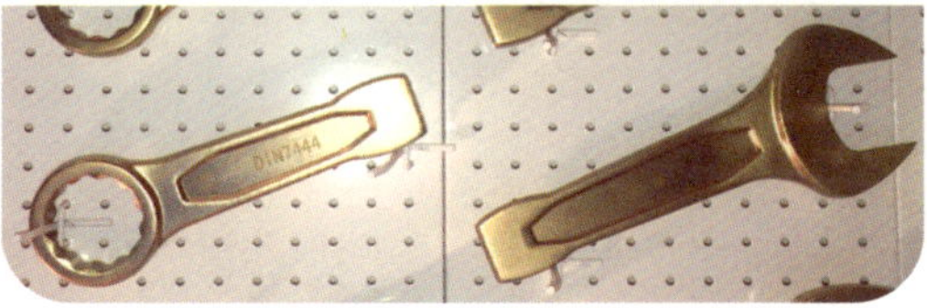

（2）动火作业现场电气设备的使用参照《国家管网集团作业许可安全管理细则》等相关要求执行。

内部资料
严禁外传

国家石油天然气管网集团有限公司文件

国家管网办〔2023〕37号

关于印发《国家管网集团作业许可安全管理细则》的通知

各所属单位，总部各部门，纪检监察组：

现将《国家管网集团作业许可安全管理细则》印发给你们，请严格贯彻执行，并做好宣贯和承接工作。原《国家管网集团作业许可管理暂行细则》（安全环保运维〔2021〕37号）、《国家管网集团动火作业安全管理暂行细则》（安全环保运维〔2021〕37号）、《国家管网集团高处作业安全管理暂行细则》（安全环保运维〔2021〕37号）、《国家管网集团吊装作业安全管理暂行细则》（安全环保运维〔2021〕37号）、《国家管网集团临时用电安全管

（3）动火作业现场手持式电动工具的选用宜符合GB 3836.1—2021《爆炸性环境 第1部分：设备 通用要求》之规定。建议使用拥有隔爆外壳的手持式电动工具，隔爆型防爆电动工具印有Exd符号。

（4）手持电动工具在使用前要进行检查，检查的内容参照 GB/T 3787—2017《手持式电动工具的管理、使用、检查和维修安全技术规程》执行。电动工具电源线上的插头不得任意拆除或调换；日常检查时要注意外壳、手柄是否有裂缝或破损，PE 连接是否完好无损，电源线、插头是否完好无损，机械防护装置是否完好，转动部分是否灵活。

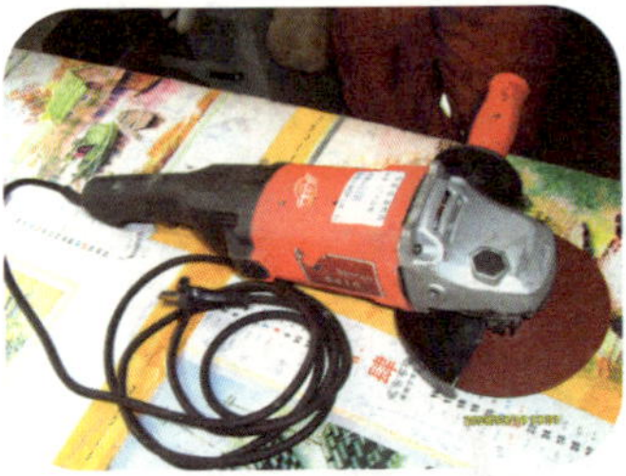

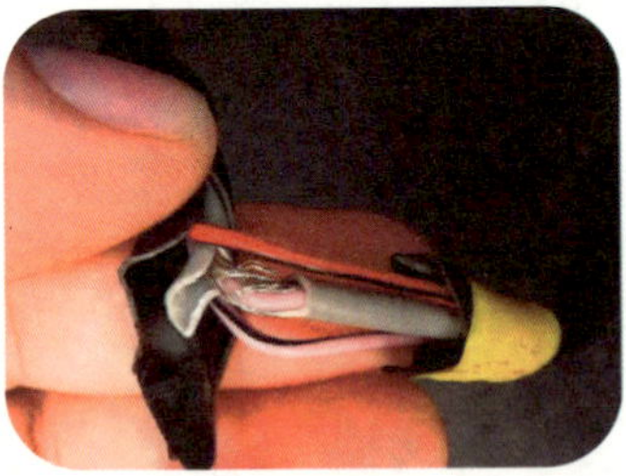

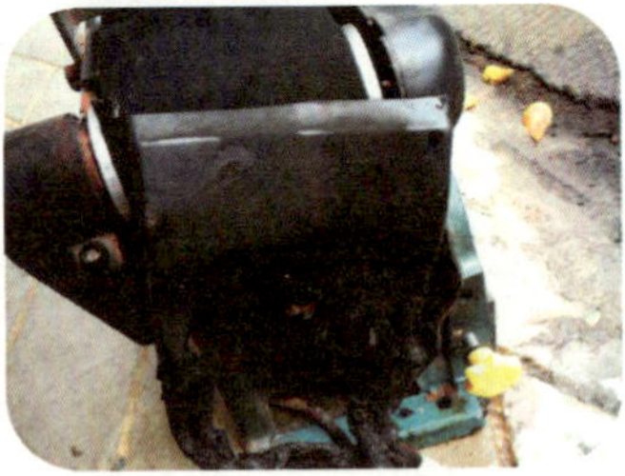

（5）所有电动工具电源线必须使用设有接零保护的三芯线或四芯线。

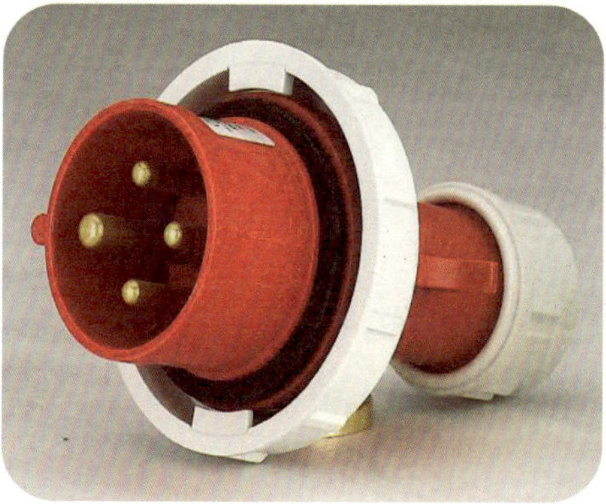

（6）手动、电动、液压、轨道式管道切割机在使用前必须对机具的完好性进行检查。重点查看机体有无裂纹，电路、液压管、轨道是否完好；有无卡阻、憋压、断路情况，刃具有无缺刃、断齿现象；机具的冷却系统是否运行可靠。电动切割机使用的倒顺开关应为防爆型。

手动割管器

液压割管器

电动割管器

轨道式割管器

（7）黄油泥制作时滑石粉和锂基润滑脂一般按质量比 3∶1 配比，根据环境温度，比例可作适当调整。黄油泥宜选用搅拌机（器）进行搅拌。黄油泥拌制完成后，应使用模具制作成黄油砖并选择干燥、阴凉的地方储存。

（8）当动火作业在受限空间内或是在夜间连续作业时，要准备好充足的照明灯具，当作业场所存在火灾、爆炸风险时，使用的电气设备、照明灯具等必须符合防爆要求。

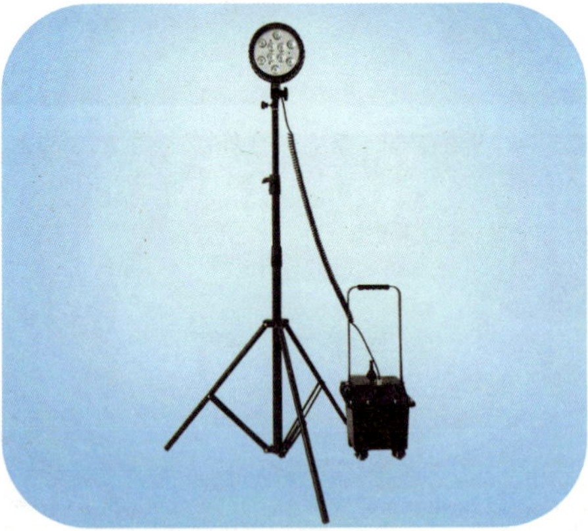

（9）在储罐内首次进行动火作业以及在受限空间内进行刷漆喷漆作业或使用可燃溶剂进行清洗等作业时，必须进行强制通风，使用的通风器具应固定牢靠，避免晃动摩擦。

（10）在动火现场需按照动火实施方案和动火安全措施配备消防车和消防器材。

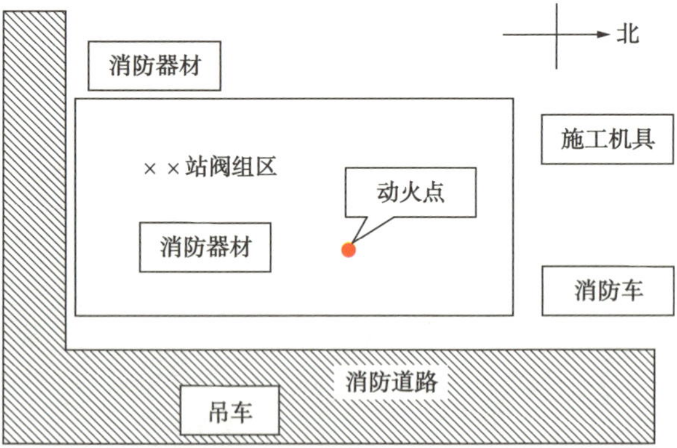

施工消防器材布置图

（11）进行气焊（割）动火作业时，乙炔气瓶严禁卧放，氧气瓶与乙炔气瓶的间隔不小于 5m，二者与动火点距离不得小于 10m。气管使用扣压铜接头和专用卡箍连接。

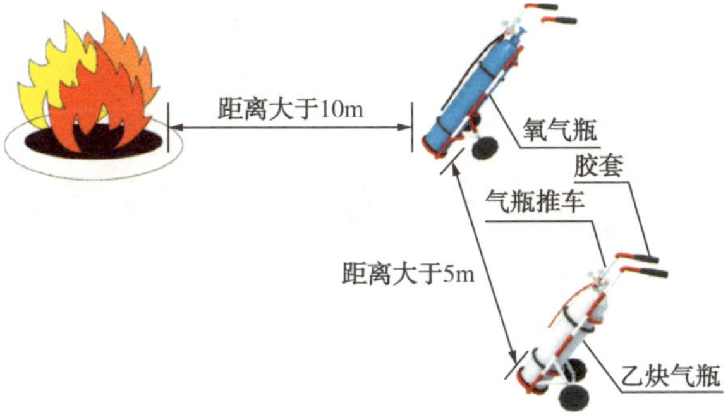

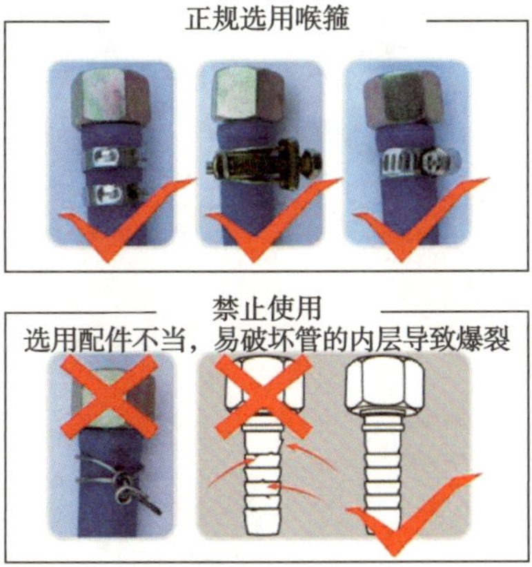

气瓶使用示意图

（12）氧气胶管为蓝色，乙炔胶管为红色。发现气管老化开裂后需及时更换，乙炔瓶须配有阻火器。气瓶应装在专用推车上使用，并具有防晒措施。

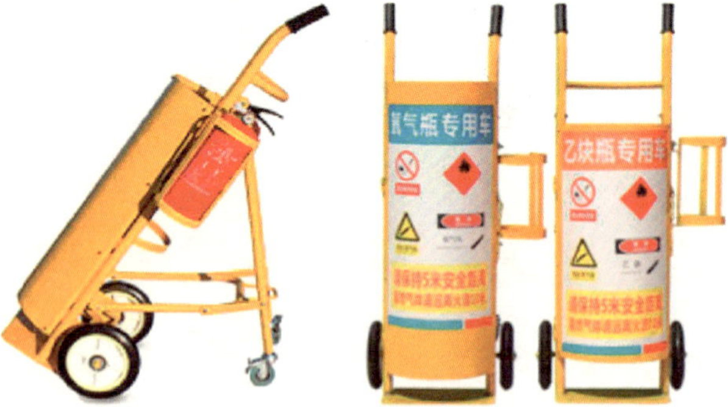

气瓶推车示意图

（13）气瓶不得撞击、焊接、滚动，气瓶应安装上下两条防震环。不得利用氧气、乙炔吹扫气瓶，不得用铁丝通割嘴。气瓶存放时要安装气瓶帽，并在指定存放地点存放，空瓶、满瓶分开存储。

气瓶棚示意图

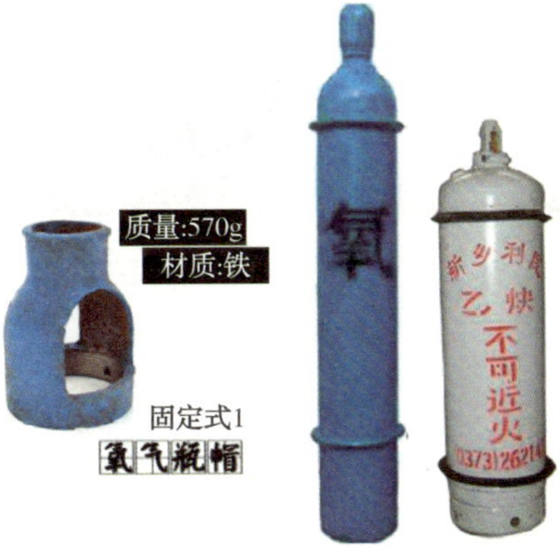

（14）动火作业现场用乙炔、氧气瓶，应分别安装专用减压器及专用压力表，并确保在检测有效期内，不得混用。

（15）进行气割作业时应先打开乙炔手阀，点火后再打开氧气调节火焰。关火时先关氧气手阀，再关乙炔手阀熄火。氧气瓶、乙炔瓶内的气体不能全部用完，应留 0.1~0.2MPa 的氧气、0.05MPa 以上的乙炔。

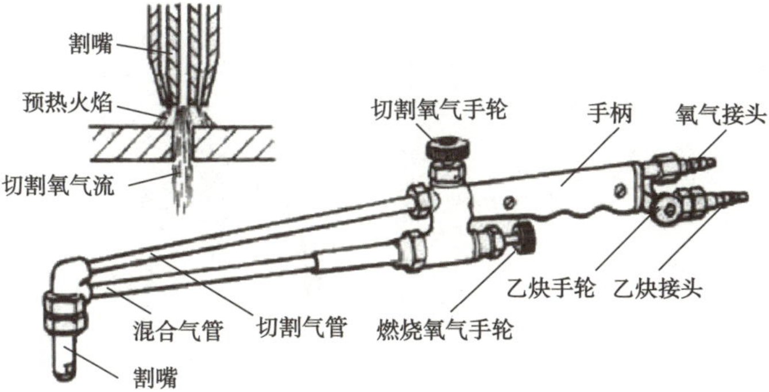

气割割炬

（16）当在存在火灾、爆炸风险的场所进行喷砂除锈作业时要指定作业区域，作业前需对喷砂设备设施进行检查。电气线路、高压设备应无故障，喷砂橡胶管连接紧密，且符合 GB/T 9576—2019《橡胶和塑料软管及软管组合件 选择、贮存、使用和维护指南》相关要求，喷砂橡胶管连接应使用专用件进行连接。

喷砂管正确连接示意图

吊篮高处喷砂作业应两人操作，并穿戴全套专业喷砂防护服。

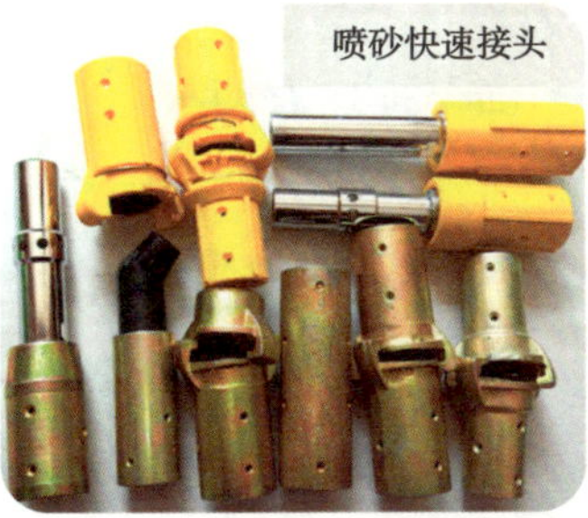

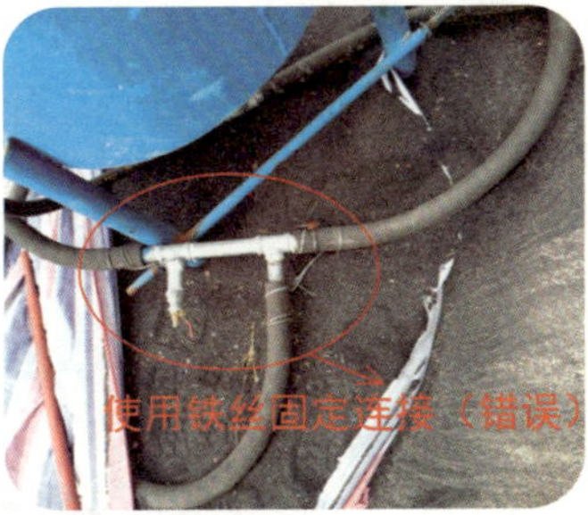

（17）进行动火作业时，在划定的动火警戒区域内严禁使用非防爆通信工具，应采用防爆型对讲机进行联系及现场指挥。

（18）在动火作业现场，属地单位与作业单位都应准备可燃、有毒气体检测仪，确保现场有两台检定合格、在有效期内的气体检测仪，满足双检测要求。

（19）动火作业现场所使用的抽油泵、空压机、轴流风机等应配有防护罩，避免使用者受到机械伤害，防护罩应满足 GB/T 30574—2021《机械安全 安全防护的实施准则》要求。

裸露齿轮、联轴器等传动系统必须加装防护罩

凡离地面高度不足2m的链传动，必须安装防护罩

传动皮带的危险部位必须加装防护罩，传动皮带松紧要适当

四、动火作业场地准备

（1）在动火作业区域周围应设置警戒，与动火作业无关的人员和车辆及设备严禁进入动火作业区域，对动火作业实行全程视频监控。

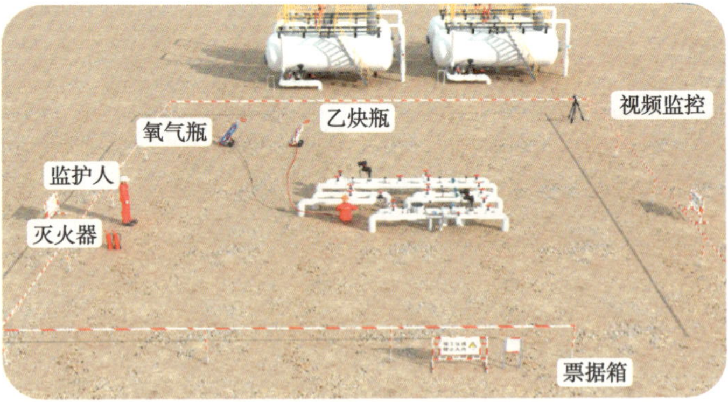

动火作业总体布局示意图

（2）在动火点周围（最小半径 15m）或其下方地面如有可燃物、空洞、窨井、地沟、水封等，应进行检查检测并采取清除、封堵等措施。

（3）对地下的管道和设备设施进行动火作业时，动火作业坑除满足施工作业要求外，应设有逃生通道，通道应设置在动火点的上风向，其宽度不小于 1m，通道坡度以不大于 30° 为宜，通道表面应采取防滑措施。坑深超过 1.5m 时应设置逃生绳。

（4）进行高处动火作业时，应采取防止火花飞溅和散落的措施。遇雨雪天、五级风以上（含五级风）天气，原则上禁止进行露天动火作业，确需进行动火作业时，动火作业应升级管理。

（5）在存在易燃易爆、有毒有害物料的管线及设备设施上进行动火作业，未采取有效隔绝及防护措施时，严禁动火。应采取双隔离方式，不得以水封或仅关闭阀门代替盲板，应采用关阀加安装盲板等双隔离措施，同时盲板处应挂标识牌。

（6）与动火点直接相连的阀门应上锁挂牌，动火作业区域内的设备、设施须由生产单位操作。

（7）在对同一管线进行多处割开、断开、开孔等动火作业时，应对相连通的各个动火部位进行隔离。不能进行隔离时，相连通的各个部位的动火作业不应同时进行。

（8）在动火作业现场应设置明显的风向标（袋），人员应在动火点的上风向作业。

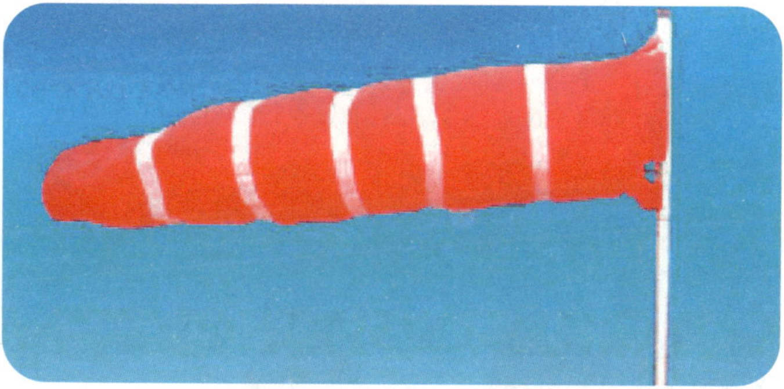

第三章 动火作业期间安全监管

（1）动火作业应严格落实无《动火安全作业票》不动火、动火监护人不在现场不动火、防护措施不落实不动火的要求。

（2）一张《动火安全作业票》只限一处动火，实行一处、一票（《动火安全作业票》）、双监护。

（3）进行动火作业时，应对动火点周边不小于 10m 范围内的环境气体进行检测（分析）。气体检测实行双检测。

（4）当采用便携式气体检测仪检测时，可燃气体浓度低于爆炸下限值的 10%（LEL）为合格。特殊情况下，使用色谱分析等分析手段时，当可燃气体爆炸下限大于或等于 4% 时，分析检测数据小于 0.5%（体积）为合格；可燃气体爆炸下限小于 4% 时，分析检测数据小于 0.2%（体积）为合格。检测氧气含量在 19.5%~21.5% 之间，富氧情况下不得大于 23.5%。

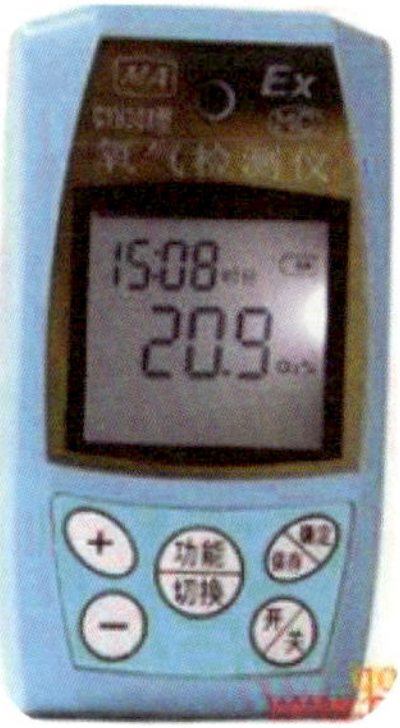

（5）凡在生产、储存、输送可燃物料的设备、容器及管道上进行动火作业，应首先切断物料来源并进行可靠封堵隔离；经彻底吹扫、清洗、置换后，打开人孔，通风换气；打开人孔时，应自上而下依次打开，经分析动火环境气体合格方可动火。若间隔时间超过 1h 继续动火，应再次进行动火环境气体分析或在管线、容器中充满水后，方可动火。

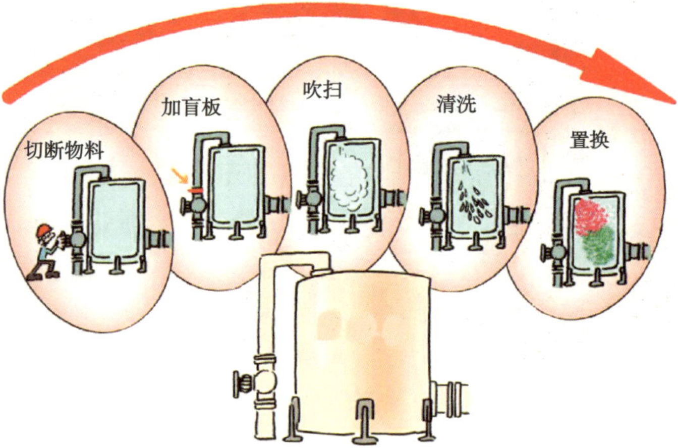

（6）动火检测（分析）与动火作业间隔不应超过30min。动火作业开始后每隔 30min 进行一次记录。

（7）封堵器或隔断阀门与黄油墙之间的管段上应设有平衡孔（站内管线可利用就近的仪表孔等作为平衡孔），以防止温度、压力等因素对动火作业造成影响，并通过平衡孔对管线内的油位进行观察。

（8）封堵砌筑黄油墙之前，应使用防爆铲刀并配合锯末或沙土等，将砌筑区域内管壁上的油蜡和污物清理干净，保证黄油墙与内壁紧密贴合。

（9）黄油墙应保证足够的强度和厚度。当只采用砌筑黄油墙隔离油气方式时，黄油墙顶部的厚度应不小于管道直径。当采用隔离囊加黄油墙隔离油气时，隔离囊在安装前应进行试压，安装后囊的充气压力不小于0.02MPa，充气介质应采用氮气等惰性气体，黄油墙应紧贴油气隔离囊砌筑，之间不应留空隙，黄油墙顶部厚度不小于200mm。

不管是采取只砌筑黄油墙还是砌筑黄油墙加安装隔离囊的方式，黄油墙与管道切口的距离均应不小于300mm。

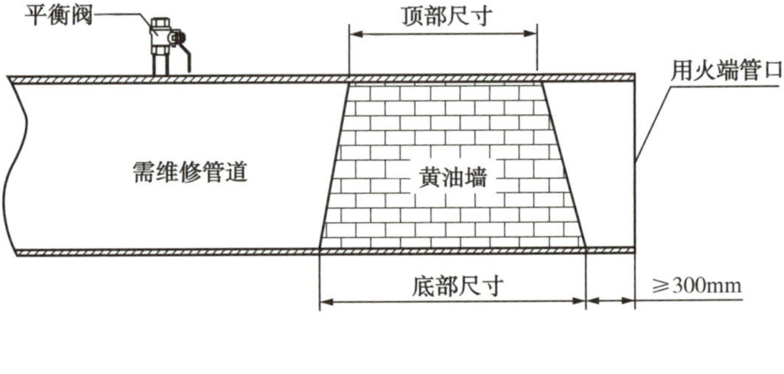

（10）在高温环境中进行动火作业时，可使用冷水浸泡过的毛毡在黄油墙砌筑位置周圈包裹进行降温处理，焊接过程中还应不断给毛毡浇水，防止黄油墙熔化坍塌，造成油气泄漏。

（11）管口组对过程中，应避免强力对口，不得锤击震动管线，以免黄油泥与管壁间形成缝隙，影响黄油墙的隔离效果。如遇管口组对间隙不合适时，应尽量避免在油气隔离端的管线上进行火焰切割。

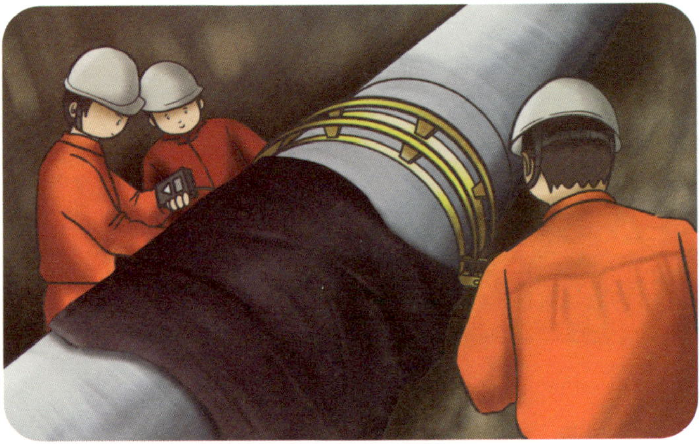

（12）为防止作业人员缺氧窒息和硫化氢中毒等情况的发生，砌筑作业前和作业过程中，应对开放的管口端进行氧含量和硫化氢浓度检测，根据气体检测结果，作业人员应佩戴相应的劳动保护用品进行砌筑。

黄油墙砌筑人员未佩戴有害气体防护面罩

（13）动火作业人员应在动火点的上风向进行作业，并避开油气流可能喷射和封堵物可能射出的方位。特殊情况下，应采取围隔措施并控制火花飞溅。

管口打磨作业人员未避开油流喷射方向，劳保着装不规范

（14）在受限空间内进行刷漆、喷漆作业或使用可燃溶剂清洗等其他可能散发易燃气体、易燃液体的作业时，使用的电气设备、照明等必须符合防爆要求，同时必须进行强制通风；监护人应佩带便携式可燃气体报警仪，随时进行监测，当可燃气体报警仪报警时，必须立即组织作业人员撤离。

（15）当动火作业涉及其他管辖区域时，由所在管辖区域单位领导审查会签，双方单位共同落实安全措施。

（16）进入动火作业现场的车辆、发电机等汽柴油动力设备需安装防火帽，并确保设备装置可靠接地。

（17）距动火点 30m 内严禁排放各类可燃气体，距动火点 15m 内严禁排放各类可燃液体；距动火点 10m 范围内和下方不应同时进行可燃溶剂清洗和喷漆等交叉施工作业。

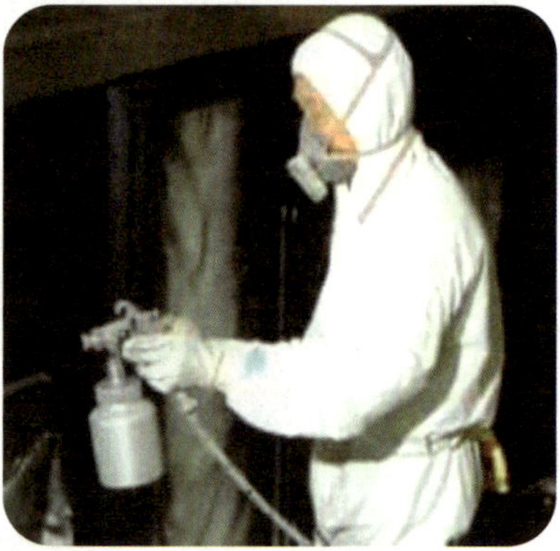

（18）在受限空间内进行动火作业，严禁将气瓶带入受限空间。

（19）在盛装或输送可燃气体、可燃液体、有毒有害介质或其他重要的运行设备、容器、管线上进行焊接作业时，应对设备、容器、管线进行测厚，并签字确认。

（20）在生产不稳定的情况下，禁止进行带压不置换动火作业。

（21）动火作业过程中宜选用具有阻燃、难燃特性材料制成的施工辅助器材，起到隔离、隔挡的作用。

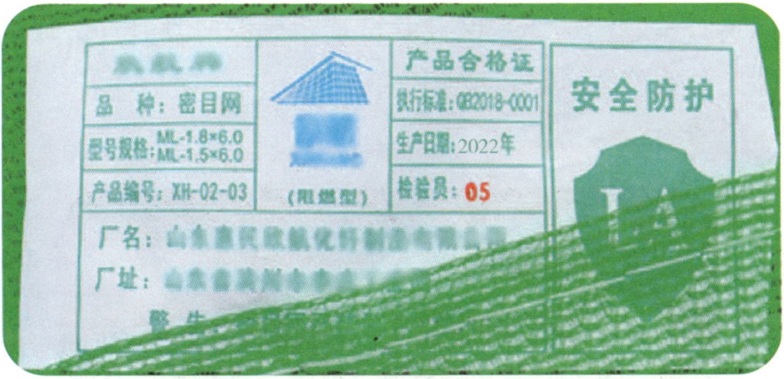

（22）动火作业后应断开现场临时电源，清理焊接焊渣等高温物体，整理作业用工具、设备、高处作业杂物，将容器、管道内部遗留物件移出。

（23）动火作业结束后需对焊缝进行无损检测的，需在检测前告知其他工作人员，明确检测的时间与警戒范围。在检测专用场所以外的地方进行检测作业时，必须按规定划出透照禁区，并设置明显标记或信号，防止非工作人员误入该区受到伤害。

（24）动火作业完毕后，《动火安全作业票》作业批准人组织现场检查，确认无火种、无隐患后，在《动火安全作业票》完工验收栏签字。

特级动火（涉及管线打开）安全作业票

编号：

<table>
<tr><td>作业申请单位</td><td>二级单位业务主管部门</td><td>作业申请时间</td><td colspan="2">2022 年 8 月 1 日 6 时 0 分</td></tr>
<tr><td>作业申请人</td><td>二级单位业务主管部门人员</td><td>作业内容</td><td colspan="2">阀门内漏更换阀门</td></tr>
<tr><td>动火地点及动火部位</td><td>庆铁三线阀组区 509# 阀门</td><td>动火方式</td><td colspan="2">□ 焊接　□ 气割　□切削　□燃烧
□ 明火　□ 研磨　□打磨　□钻孔
□ 破碎　□ 锤击　□其他：______</td></tr>
<tr><td>动火人及证书编号</td><td colspan="4">焊工姓名及证件编号</td></tr>
<tr><td>作业单位</td><td>管道局东抢</td><td colspan="2">作业单位负责人</td><td>作业单位负责人</td></tr>
<tr><td>动火前气体检测时间</td><td>检测位置</td><td>氧气浓度（%）</td><td>可燃气体浓度（lel）</td><td>有毒气体浓度（%）</td></tr>
<tr><td>6 时 15 分</td><td>509# 阀门</td><td>21</td><td>0</td><td>0</td></tr>
<tr><td>检测人</td><td>作业单位监护人</td><td colspan="2">复测人</td><td>二级单位业务主管部门人员</td></tr>
<tr><td>关联的作业许可证和其他特殊作业安全作业票编号</td><td colspan="4">涉及吊装、临时用电</td></tr>
<tr><td>风险辨识结果（符合“√”）</td><td colspan="4">□爆炸　□火灾　□灼伤　□烫伤　□机械伤害　□中毒　□辐射
□触电　□泄漏　□窒息　□坠落　□落　　物　□掩埋　□噪声　□其他：</td></tr>
</table>

序号	安全措施	是否涉及（已落实打√，不涉及打 ×）	确认人
1	动火设备内部构件清洗干净，蒸汽吹扫或水洗、置换合格，达到动火条件	√	双方监护人（下同）
2	与动火设备相连接的所有管线已断开，加盲板（　）块，未采取水封或仅关闭阀门的方式代替盲板	×	
3	动火点周围及附件的孔洞、窨井、地沟、水封设施、污水井等已清除易燃物，并已采取覆盖、铺沙等手段进行隔离	×	
4	油气罐区动火点同一防火堤内和防火间距内的油品储罐未进行脱水和取样作业		
5	高处作业已采取防火花飞溅措施，作业人员佩戴必要的个体防护装备		
6	在有可燃物构件和使用可燃物做防腐内衬的设备内部动火作业，已采取防火隔绝措施		
7	乙炔气瓶直立放置，已采取防倾倒措施并安装回火装置，乙炔气瓶、氧气瓶与火源间的距离大于 10m，两气瓶相互间距大于 5m		
8	现场配备灭火器（　）台，灭火毯（　）块，消防蒸汽带或消防水带（　）盘		

续表

9	电焊机所处位置已考虑防火防爆要求，且已可靠接地		
10	动火点周围规定距离内没有易燃易爆化学品的装卸、排放、喷漆等可能引起火灾爆炸的危险作业		
11	动火点 30m 内垂直空间未排放可燃气体；15m 内垂直空间未排放可燃气体；10m 范围内及动火点下方未同时进行可燃溶剂清洗或喷漆等作业，10m 范围内未见有可燃性粉尘清扫作业		
12	已开展作业危害分析，制定相应的安全风险管控措施，交叉作业已明确协调人		
13	用于连续检测的移动式可燃气体检测仪已配备到位		
14	配备的摄录设备已到位，且防爆级别满足安全要求		
15	其他相关特殊作业已办理相应作业票，作业现场四周已设立警示区		
16	其他安全措施： 编制人：二级单位业务主管部门人员		

（25）动火作业结束后需对现场作业监控视频进行存储保管，以备后续查看，保存期限至少 1 年。

第四章 角磨机使用安全

角磨机是利用高速旋转的薄片砂轮以及橡胶砂轮、钢丝轮、增强纤维树脂轮等对金属进行磨削、切削、除锈、磨光加工的手持式电动工具。

一、打磨作业注意事项

（1）操作人员必须受过角磨机操作培训。

（2）角磨机必须配有手柄、角磨片防护罩和操作安全开关。

（3）进行切割及打磨作业时，周围1m范围内不能有人员以及易爆物品，不要对着有人的方向进行作业。使用砂轮前，要对其进行检查，严禁使用破损磨片。

打磨时注意火星飞溅方向

使用前对磨片进行检查

（4）操作角磨机时要正确穿戴劳保服装，戴防护面罩，穿合适的工作服，不可穿过于宽松的工作服，长发需束紧不得外露于安全帽外，严禁戴线织手套（可使用帆布手套）、严禁不扣袖口进行操作。

打磨时可戴帆布手套

二、使用过程中常见问题

（1）作业前要检查劳保鞋、安全帽、护目镜、耳塞、面屏、口罩、手套是否穿戴整齐且正确。

错误穿戴劳保用品，在磨砂片碎裂或角磨机脱手时，容易伤到自己。

（2）双手操作能有效控制角磨机运行，最大限度地减少角磨机脱手造成的事故。

不正确地操作（单手操作）角磨机，在角磨机脱手时，容易伤到自己。

（3）要站在地面上从事作业，对于打磨不到的位置，使用马凳、工业梯台等稳固支撑。

站在不稳固无防护的平台上进行作业，极易发生跌落，进而被自己所持的角磨机割伤。

（4）进行打磨交叉作业时，请选择错位、背对等方式，以此保证自己和他人的安全。

在打磨方向严禁站人，否则极易在磨砂片破碎、角磨机脱手时，对他人造成伤害。

（5）打磨片与材料之间保持 30°~40° 的角度，是正确的打磨角度，且工作效率最高。

使用砂轮片侧面或背面打磨，增大了砂轮片碎裂、反弹的可能性。

（6）身体不要对着旋转的砂轮片，也不要站在其后（不单单指操作者本人）。

砂轮旋转方向对着人员，其飞屑或崩碎的砂轮片可能会对人员造成伤害。

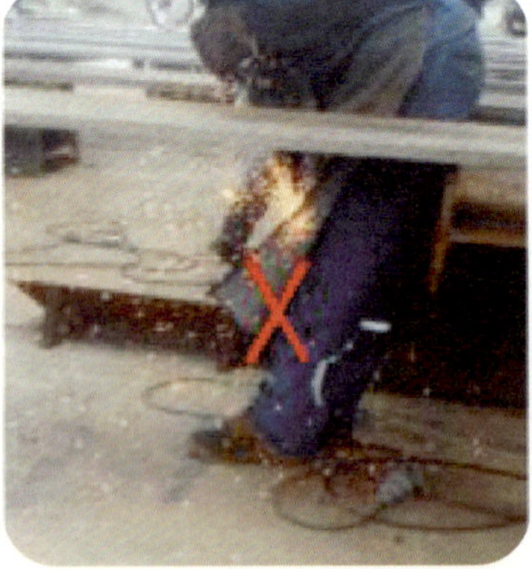

（7）更换砂轮片时，必须断开电源、使用专用工具。

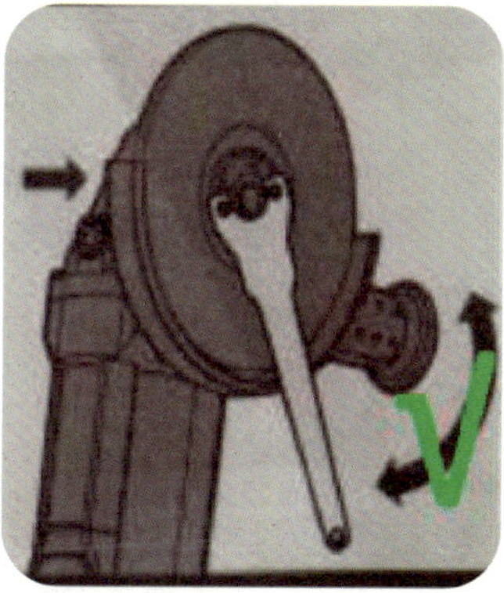

更换砂轮片时，未断电、未使用专用工具，容易因误动、电气故障等原因造成对手部等的伤害。

（8）当直径 100mm 的砂轮片小于 60mm、直径 150mm 的砂轮片小于 90mm 时，需报废砂轮片。

砂轮片过小，增大了破碎的概率且降低了工作效率。

第五章 典型事故案例

〔案例 1〕 上海公寓大楼“11·15”特别重大火灾事故。

事故简介：

2010 年 11 月 15 日，在上海市静安区胶州路 728 号公寓大楼，施工人员违规在 10 层电梯前室北窗外进行电焊作业。电焊溅落的金属熔融物引燃下方 9 层位置脚手架防护平台上堆积的聚氨酯保温材料碎块、碎屑，引发火灾，事故造成 58 人死亡、71 人受伤，直接经济损失约 1.58 亿元。

事故原因：

直接原因：电焊工无《特种作业人员资格证》上岗作业，严重违反操作规程，且引发大火后逃离事故现场。

间接原因：

（1）建设单位、投标企业、招标代理机构相互串通，虚假招标，转包，违法分包，导致安全责任不落实；

（2）施工作业现场管理混乱，安全措施不落实，存在明显的抢工期、抢进度、突击施工行为；

（3）设计企业、监理机构工作失职；

（4）事故现场违规使用大量尼龙网等易燃材料，导致大火迅速蔓延、人员伤亡和财产损失扩大；

（5）有关部门安全监管不力，对停产后复工的建设项目安全管理不到位。

〔案例 2〕“4·28”污水处理罐爆燃事故。

事故简介：

2008 年 4 月 28 日 14 时 50 分，某石化公司 4 名承包商员工，在污油罐罐顶为含油污水罐增设氮封线。在拆卸人孔盖最后一根螺栓时，因螺栓生锈、拆卸困难，施工人员违章用气焊切割螺栓，导致罐内气体发生闪爆、罐底撕开。2 名作业人员从罐顶摔下，经抢救无效死亡。

事故原因：

直接原因：施工人员严重违章，在超出《动火安全作业票》规定的动火范围动火，使用气焊切割罐顶人孔盖螺栓，引起污水处理罐内油气闪爆、罐底撕开。

间接原因：

（1）施工人员安全意识淡薄；

（2）对作业现场存在的危险认识不足，对污水罐内的气体情况未引起警觉。